Hello, happy to see you here.
I'm BB, aka Bead Baby.

Practicing is the key to a better Abacus skill.

You can practice your abacus and mental math skills with all the exercise books we prepare for you.

3 Digits 36 Exercises

Go! Go! Go!

Text and pictures copyright © 2019 by Sheena Chin & Yonhao Fan

All rights reserved.

No parts of this book may be used, reproduced, scanned or transmitted in any form or by any means, electronic or mechanical, including photocopying or recording, without written permission from the publisher.

For information address PinGrow Media, contact@pingrow.com

ISBN-13: 978-1-949622-13-3

Visit www.pingrow.com

3 digits 3 numbers

1	2	3	4	5	6	7
716	652	282	999	846	494	187
-198	767	969	-664	760	783	597
973	-558	439	377	-538	-229	284

8	9	10	11	12	13	14
564	944	969	242	785	923	957
685	-347	471	798	-278	672	843
-910	876	736	-462	556	207	-996

15	16	17	18	19	20	21
928	860	961	972	959	710	864
-309	-178	-625	654	877	382	386
745	950	869	324	-164	-813	763

22	23	24	25	26	27	28
823	956	765	807	968	465	757
768	-731	338	263	826	987	854
583	351	276	-776	-726	653	509

29	30	31	32	33	34	35
591	963	795	273	563	839	324
884	304	240	831	352	765	-110
-418	-459	919	-439	987	859	968

36	37	38	39	40	41	42
449	728	920	192	206	782	679
716	-356	-753	504	995	513	958
-354	228	654	756	125	321	-876

3 digits 3 numbers

1	2	3	4	5	6	7
234	405	656	272	241	449	298
938	576	493	986	124	667	937
701	998	-322	-354	887	-253	-178

8	9	10	11	12	13	14
967	588	138	867	753	446	987
176	575	984	453	606	764	-148
-851	-342	513	-181	-354	-342	543

15	16	17	18	19	20	21
499	725	761	890	909	758	323
-119	957	460	785	-166	-469	887
765	-240	-673	354	467	667	465

22	23	24	25	26	27	28
357	364	986	903	433	742	627
743	566	447	759	175	968	875
-642	856	-342	-213	876	-324	228

29	30	31	32	33	34	35
646	867	893	741	174	184	864
515	383	795	512	398	377	-294
600	554	664	-248	776	796	668

36	37	38	39	40	41	42
957	811	575	736	911	446	766
548	484	-287	986	-343	817	-585
-233	559	609	-345	879	-641	997

3 digits 3 numbers

1	2	3	4	5	6	7
422	396	777	210	745	504	523
475	651	957	533	668	887	-245
542	856	-342	851	342	-254	923

8	9	10	11	12	13	14
936	713	985	437	665	923	558
-782	874	357	-324	487	677	986
338	254	-498	999	997	886	-445

15	16	17	18	19	20	21
473	803	281	835	835	952	983
-255	-349	241	-440	252	579	628
976	984	-385	532	786	-246	-534

22	23	24	25	26	27	28
974	321	849	361	953	328	755
-153	667	-588	999	-108	765	-128
541	368	675	-592	303	456	114

29	30	31	32	33	34	35
657	392	805	109	748	312	615
789	850	640	217	756	174	737
-343	-265	149	886	476	593	-339

36	37	38	39	40	41	42
624	474	636	716	395	992	888
871	997	819	986	769	745	-489
543	837	-277	-365	977	564	765

3 digits 3 numbers

1	2	3	4	5	6	7
347	984	173	414	843	783	906
889	-159	573	824	676	-234	-497
-228	698	244	567	276	699	768

8	9	10	11	12	13	14
986	917	644	914	675	736	438
-227	669	199	-362	183	440	863
765	546	956	514	433	-235	380

15	16	17	18	19	20	21
363	648	987	712	972	747	476
-275	-583	198	644	-619	858	573
996	878	366	943	836	-321	852

22	23	24	25	26	27	28
529	362	763	968	615	754	295
-265	858	326	-344	767	596	816
978	-147	557	667	674	342	-366

29	30	31	32	33	34	35
126	328	845	383	651	549	783
839	794	-536	326	389	558	-318
566	-427	180	797	576	-931	246

36	37	38	39	40	41	42
546	999	961	607	342	667	987
668	-543	-280	-121	331	315	609
-325	818	699	754	925	-241	354

3 digits 3 numbers

1	2	3	4	5	6	7
850	118	609	191	272	491	587
-259	375	967	298	357	689	360
218	651	184	867	598	914	-467

8	9	10	11	12	13	14
447	456	956	794	563	966	839
772	-383	-203	-347	798	765	134
-343	987	150	914	973	-584	768

15	16	17	18	19	20	21
761	479	837	654	377	869	856
-478	-219	-189	753	765	296	-223
542	449	456	-740	-221	699	452

22	23	24	25	26	27	28
351	349	879	340	266	349	339
-143	-177	478	-148	-177	745	997
930	808	-960	319	875	-874	-432

29	30	31	32	33	34	35
953	366	814	823	624	409	531
-487	446	-482	851	589	906	645
587	-294	756	-411	482	-851	-789

36	37	38	39	40	41	42
154	491	584	964	590	734	593
837	752	-487	-312	-337	-615	667
778	-187	971	442	143	530	-406

3 digits 3 numbers

1	2	3	4	5	6	7
155	481	593	289	593	925	371
630	-172	-286	-178	-276	-787	606
-233	956	875	326	839	284	-469

8	9	10	11	12	13	14
730	756	603	329	681	303	862
-499	-432	-218	-133	-200	-146	263
134	231	359	795	743	786	-305

15	16	17	18	19	20	21
546	913	429	549	312	636	741
-202	798	572	-293	397	997	-128
446	-663	-475	886	-264	-288	576

22	23	24	25	26	27	28
817	281	643	606	915	324	829
-219	850	-296	371	-234	842	704
982	-622	976	-285	899	925	-929

29	30	31	32	33	34	35
999	242	290	825	316	230	213
707	-178	-178	-269	584	303	553
-598	121	353	512	826	-219	-142

36	37	38	39	40	41	42
273	884	546	957	368	691	675
564	-639	-393	-349	-203	763	-273
-148	841	943	146	680	396	662

3 digits 3 numbers

1	2	3	4	5	6	7
697	125	429	954	935	950	774
-558	651	-334	-225	382	-876	563
933	-558	817	411	-619	801	-419

8	9	10	11	12	13	14
875	724	848	249	617	957	377
-127	241	594	397	-523	373	-280
139	278	-418	-117	846	-299	446

15	16	17	18	19	20	21
603	713	519	923	331	524	194
772	-126	-126	-348	687	-209	647
-149	846	189	829	-743	915	-459

22	23	24	25	26	27	28
239	765	443	177	993	627	385
-127	-148	-297	540	-744	557	548
654	891	486	-224	102	115	-570

29	30	31	32	33	34	35
467	548	846	461	674	575	886
518	792	358	471	-278	695	303
-339	-502	-525	-539	765	-287	-561

36	37	38	39	40	41	42
575	704	304	686	561	131	204
423	836	612	-277	-241	658	-118
-549	220	-557	675	398	768	551

3 digits 3 numbers

1	2	3	4	5	6	7
704	947	338	875	472	398	761
-376	277	-225	-456	-333	835	-343
134	-769	868	634	465	-488	944

8	9	10	11	12	13	14
619	831	560	418	590	181	855
-201	-637	-231	160	203	744	322
270	528	581	589	-285	-297	-574

15	16	17	18	19	20	21
724	346	370	587	552	681	479
875	879	783	-563	-223	-646	586
-303	-379	-179	252	949	153	-265

22	23	24	25	26	27	28
479	303	968	325	887	558	811
586	-297	168	893	-114	-299	492
-554	178	-332	-290	865	354	-474

29	30	31	32	33	34	35
954	936	876	329	838	649	449
-199	459	-151	642	-140	-353	701
865	-447	442	338	786	483	698

36	37	38	39	40	41	42
388	740	581	906	606	554	268
505	121	-153	-269	960	328	762
-176	-305	672	210	-177	-405	-211

3 digits 3 numbers

1	2	3	4	5	6	7
103	282	992	371	573	930	838
718	225	-696	-263	-224	-925	-459
-471	-170	531	897	758	802	103

8	9	10	11	12	13	14
369	981	546	982	530	222	516
879	516	641	-947	-481	228	654
-359	-508	-226	144	616	760	-276

15	16	17	18	19	20	21
949	971	773	612	379	192	232
-116	-413	637	838	-284	536	574
988	830	-366	-229	640	457	-556

22	23	24	25	26	27	28
271	342	624	974	541	949	981
778	698	960	-612	495	576	473
597	-261	-659	429	939	206	-905

29	30	31	32	33	34	35
946	605	124	719	538	488	691
116	685	958	-192	-129	556	290
-836	-892	-853	975	173	-479	-359

36	37	38	39	40	41	42
792	126	274	972	178	785	848
-721	637	-239	218	744	944	-484
935	-519	582	-364	577	-181	428

3 digits 3 numbers

1	2	3	4	5	6	7
483	853	607	390	736	220	145
934	272	376	722	779	754	800
403	-121	913	847	-866	-159	919

8	9	10	11	12	13	14
480	784	721	838	928	629	390
-379	571	-202	-649	653	-517	680
790	-573	336	355	-423	764	-574

15	16	17	18	19	20	21
117	448	427	745	970	919	398
687	173	703	-529	-948	303	775
-329	-522	-372	776	842	-474	-832

22	23	24	25	26	27	28
550	610	739	238	722	544	822
202	721	949	-164	-699	481	775
-235	-165	-837	294	643	-562	845

29	30	31	32	33	34	35
135	536	852	438	378	598	857
-128	-464	217	-297	883	621	-403
570	917	-792	459	-343	-297	318

36	37	38	39	40	41	42
408	219	483	793	196	380	447
955	925	959	907	-778	567	-409
-506	-337	576	-426	582	-148	980

3, 2 digits 6 numbers

1	2	3	4	5	6	7
273	758	604	186	53	506	583
84	53	725	98	728	21	70
-21	-486	-547	531	90	130	25
184	64	49	-76	-360	-49	356
26	193	-81	54	-78	-36	-283
302	-36	25	627	490	746	-81

8	9	10	11	12	13	14
475	850	33	578	869	576	104
816	-754	134	330	997	59	64
-68	95	77	-19	-75	-16	-77
18	-28	431	-63	-68	366	273
-39	619	48	415	467	823	987
390	-16	-502	26	35	-79	-89

15	16	17	18	19	20	21
890	586	94	75	198	478	529
35	-199	743	808	907	55	807
222	46	66	66	-98	-390	-76
-89	-15	456	209	-56	86	-81
376	456	-86	32	165	359	643
-67	79	546	-123	23	-38	18

3, 2 digits 6 numbers

1	2	3	4	5	6	7
931	536	175	670	839	567	587
72	987	718	71	241	34	-321
90	-83	-654	-675	-38	65	92
-438	-25	92	576	-76	-209	-32
64	321	-46	-52	432	804	54
256	-17	-83	78	-98	-76	-198

8	9	10	11	12	13	14
194	804	81	698	924	46	65
29	21	469	-38	381	387	-19
-47	-67	-157	381	-94	-19	517
706	613	55	-91	20	807	107
66	76	243	-213	-85	57	-87
729	357	26	65	310	965	924

15	16	17	18	19	20	21
569	152	298	918	475	891	857
-64	76	30	87	38	-786	-53
158	418	975	-297	-28	91	139
70	25	84	938	504	38	-620
-275	-360	-826	-51	298	168	41
-31	89	15	-42	56	-67	78

3, 2 digits 6 numbers

1	2	3	4	5	6	7
450	397	675	609	97	596	725
-158	-198	-468	297	513	-189	916
-78	65	58	-381	28	98	94
91	-89	69	89	740	-17	-925
260	592	-73	-53	-51	623	-27
43	-34	483	-12	-829	-23	65

8	9	10	11	12	13	14
908	730	89	87	716	276	209
87	68	879	29	289	45	49
957	-357	-67	276	-98	-97	-98
-59	27	298	384	-345	385	435
-520	-290	-478	-89	65	-176	-168
-21	-59	-45	950	23	21	-77

15	16	17	18	19	20	21
524	76	81	843	87	805	563
-432	619	-64	-617	-49	98	71
309	-19	524	54	987	37	102
63	638	498	97	629	-910	-59
78	55	-96	-89	-36	285	634
-98	-354	-367	432	-758	96	-33

3, 2 digits 6 numbers

1	2	3	4	5	6	7
34	55	920	98	39	498	624
801	68	-258	415	72	629	93
62	738	86	20	728	57	-67
-406	-27	-41	-46	759	-23	-23
-59	-387	183	372	-864	-65	352
915	416	20	690	84	908	408

8	9	10	11	12	13	14
725	73	539	97	398	684	205
136	82	98	-65	298	78	507
-98	265	706	706	-67	-49	-64
-87	820	-975	549	44	910	87
498	-364	65	-835	684	-789	-376
21	91	23	44	-13	-87	-65

15	16	17	18	19	20	21
95	89	758	910	613	64	46
47	589	87	-95	298	95	189
315	-176	-98	549	-87	641	621
685	65	-432	65	-476	-345	-398
-923	209	-49	-281	-98	798	67
65	-37	187	78	24	-76	47

3, 2 digits 6 numbers

1	2	3	4	5	6	7
37	58	724	46	972	69	933
15	164	-98	23	69	83	614
185	508	619	508	-830	714	-34
468	-34	-830	268	37	276	-725
-531	-213	-32	-379	-42	-387	46
92	79	67	79	476	-67	97

8	9	10	11	12	13	14
906	56	258	37	905	98	299
71	-32	58	678	68	736	48
-56	849	34	43	429	67	-77
173	209	357	932	-85	-309	613
-251	78	-172	-420	-786	32	-298
99	-567	79	-87	56	-199	-17

15	16	17	18	19	20	21
657	85	98	870	617	32	283
39	217	539	417	87	95	631
827	46	38	75	-219	342	65
-68	475	254	-62	42	471	-48
-650	-176	-232	-336	-91	-249	-509
57	67	66	31	865	-76	43

3, 2 digits 6 numbers

1	2	3	4	5	6	7
98	75	129	87	58	609	64
342	81	709	845	789	38	-21
471	798	54	-176	89	-218	539
-67	-576	76	67	-483	88	-254
-298	453	-486	90	-175	-76	870
-14	56	34	-198	47	187	67

8	9	10	11	12	13	14
830	308	38	425	95	346	678
62	178	47	76	32	93	135
252	-65	607	-83	684	748	-680
-457	-32	-528	745	628	-72	63
89	-198	94	-49	56	-964	-38
-32	87	-236	908	-339	23	-97

15	16	17	18	19	20	21
89	364	28	921	48	716	78
816	58	49	-708	845	193	64
23	-281	357	25	-270	83	598
-189	69	282	68	64	97	609
702	39	-173	654	76	-537	-480
76	-173	16	-48	-298	43	15

3, 2 digits 6 numbers

1	2	3	4	5	6	7
78	61	75	95	329	356	125
726	760	810	-41	65	913	46
46	65	19	502	546	47	578
807	576	754	937	32	65	38
12	-432	-954	-483	-876	-436	-309
-948	45	56	43	56	99	65

8	9	10	11	12	13	14
270	869	98	46	746	659	78
87	46	-14	908	57	27	64
-33	67	586	-209	64	849	927
-157	-289	69	54	946	38	-342
273	70	375	351	-765	-956	-254
98	-109	187	-79	34	65	46

15	16	17	18	19	20	21
69	495	688	537	31	97	958
345	75	176	48	197	-21	54
906	690	59	-364	283	652	33
19	-954	-532	951	22	-63	-725
-769	76	45	-52	-45	513	19
54	34	22	65	765	-398	-132

3, 2 digits 6 numbers

1	2	3	4	5	6	7
95	971	93	23	59	738	186
767	62	14	309	31	876	69
-23	547	377	548	76	95	25
130	-961	834	44	296	-23	701
-41	87	-789	-398	628	564	861
-409	90	87	65	-769	-41	-81

8	9	10	11	12	13	14
666	526	689	28	327	49	189
195	34	61	51	59	53	397
37	17	74	978	402	681	23
61	364	804	102	76	265	87
-65	-454	-932	-745	-315	23	-224
274	89	12	-79	12	-563	45

15	16	17	18	19	20	21
12	421	73	64	656	86	489
186	958	18	312	198	-75	47
83	32	974	19	-453	935	548
908	-66	148	645	87	243	-775
46	-758	-854	-334	-56	-456	93
-675	98	45	53	42	45	-51

3, 2 digits 6 numbers

1	2	3	4	5	6	7
68	848	26	169	698	91	642
803	25	54	14	92	-58	98
71	-209	617	921	14	819	561
534	66	934	98	749	475	-17
-786	195	-627	-85	-63	-44	34
52	73	87	-854	-956	-734	-765

8	9	10	11	12	13	14
93	619	17	58	827	23	78
674	84	916	66	58	79	738
268	-91	29	791	105	214	14
-24	375	519	358	66	839	621
-564	-428	38	-443	-659	-728	897
-16	54	-853	32	77	48	67

15	16	17	18	19	20	21
78	368	38	72	542	78	452
-46	519	923	784	68	94	579
908	65	19	5-	412	251	-665
-519	-73	180	-546	-721	719	36
73	81	24	93	73	-555	89
-231	-487	-865	143	34	21	-26

3, 2 digits 6 numbers

1	2	3	4	5	6	7
455	49	923	52	645	91	421
96	28	-75	276	65	739	52
634	876	814	43	169	816	87
-48	453	-956	756	-87	-634	592
-618	19	54	-554	437	78	-398
32	-796	28	-21	-76	-54	32

8	9	10	11	12	13	14
287	24	693	256	452	54	612
572	970	19	34	95	89	67
-443	71	143	428	63	519	78
89	-278	-95	26	154	653	-350
62	35	-337	-104	-398	-886	-143
-19	421	-63	18	-89	-98	45

15	16	17	18	19	20	21
368	75	254	689	56	957	84
94	26	42	845	-27	-58	-79
-63	921	238	-254	619	153	868
629	254	86	71	726	79	303
-798	-908	-198	-25	-39	-576	-58
67	15	98	88	-831	45	-965

3, 2 digits 6 numbers

1	2	3	4	5	6	7
391	53	869	45	79	94	724
41	58	36	576	986	58	92
496	561	-786	34	-854	839	-19
-95	328	48	76	453	176	935
-297	-66	87	987	54	-549	-836
28	-498	329	-876	-38	28	65

8	9	10	11	12	13	14
469	54	261	48	963	60	69
45	705	513	613	87	19	786
-98	-36	709	172	-856	294	398
-65	523	-98	-76	34	657	-754
282	-20	-65	-58	21	-478	75
-121	276	-48	-387	143	78	37

15	16	17	18	19	20	21
94	71	537	45	785	185	79
98	869	726	798	63	815	702
103	562	-92	925	-57	-87	46
347	-778	-58	63	735	95	920
-228	-98	-526	59	-968	-786	65
65	24	21	-854	47	23	-853

3, 2 digits 6 numbers

1	2	3	4	5	6	7
902	48	429	48	53	76	568
-586	64	-208	32	-44	342	416
75	342	745	274	830	704	36
81	-158	75	519	638	-175	-97
420	704	82	-338	-753	89	-495
-43	56	43	15	98	43	76

8	9	10	11	12	13	14
98	38	285	948	75	729	98
75	55	62	150	49	540	-65
824	693	980	-98	840	89	927
-573	736	67	-65	36	-76	-485
229	-923	-799	-332	-564	-449	940
92	87	43	76	473	54	87

15	16	17	18	19	20	21
598	49	402	63	710	385	85
92	98	868	523	38	530	92
-284	976	67	495	-629	-746	-41
498	-270	22	72	46	38	968
76	619	-935	-41	634	92	905
98	97	-86	-601	76	46	-483

3, 2 digits 6 numbers

1	2	3	4	5	6	7
381	108	284	987	463	808	274
379	37	37	667	84	33	94
-59	42	-43	-97	725	-78	-27
-264	699	537	88	-198	459	109
76	-507	-50	-213	-52	-465	945
-13	-50	509	65	-91	88	-87

8	9	10	11	12	13	14
364	44	368	217	746	826	89
271	467	709	-189	923	86	27
65	97	-76	65	-87	-75	897
-75	856	-56	-78	99	798	195
456	-98	-109	917	-385	-358	-78
-98	678	-65	51	54	65	386

15	16	17	18	19	20	21
378	845	854	93	489	571	709
-51	-345	-537	920	78	608	78
63	64	245	71	139	12	714
378	698	-64	361	67	-79	-35
-39	-86	-87	-574	-368	932	-936
-132	45	86	80	76	-87	40

3, 2 digits 6 numbers

1	2	3	4	5	6	7
92	49	897	94	601	847	87
482	57	89	-32	72	483	56
54	497	-26	916	93	-920	189
-498	543	197	830	-156	96	620
76	-357	-628	-987	-54	11	-574
285	43	-57	-81	203	-72	-32

8	9	10	11	12	13	14
108	94	149	581	753	927	287
-66	-73	95	83	76	132	107
168	426	-46	-76	-51	-96	89
-35	198	725	162	450	-576	-154
549	-29	137	23	-627	45	45
-268	736	-22	-143	-19	24	66

15	16	17	18	19	20	21
819	62	470	98	59	508	43
29	386	-394	54	54	87	65
-98	487	78	572	354	-49	198
632	-298	-49	81	-86	931	607
-787	77	710	453	419	-654	-456
46	-36	32	-698	267	45	12

3, 2 digits 6 numbers

1	2	3	4	5	6	7
75	67	56	283	61	48	53
-48	482	27	631	176	79	526
608	135	631	-89	58	636	19
986	32	109	-54	273	916	968
43	98	-54	107	-154	-786	-659
-675	-491	765	-77	87	-21	-71

8	9	10	11	12	13	14
472	96	904	913	358	453	46
-97	392	-79	78	76	134	76
640	-70	729	-451	45	-418	349
74	435	-659	89	412	98	860
831	-24	95	-208	-534	45	-569
-56	-281	43	66	77	-22	65

15	16	17	18	19	20	21
642	89	728	24	309	45	832
32	534	65	971	78	32	78
539	-281	695	-98	352	413	146
-987	78	-432	-547	99	805	-54
86	567	78	17	-296	-954	498
47	-64	-21	961	-36	-74	-98

3, 2 digits 6 numbers

1	2	3	4	5	6	7
78	627	44	31	76	861	92
-13	945	243	659	730	97	-45
958	24	17	47	829	-83	645
518	67	611	826	84	701	426
-786	-876	-548	-429	-91	-598	-787
54	-18	69	-58	-567	-91	21

8	9	10	11	12	13	14
956	87	957	385	859	59	245
73	-53	-54	946	57	-48	94
-579	462	77	89	-56	268	-32
271	687	-423	51	697	783	104
44	-743	384	-23	-798	-498	656
98	29	69	-887	12	65	98

15	16	17	18	19	20	21
25	680	56	96	679	87	67
471	-549	79	145	87	654	28
66	19	675	519	-86	-337	728
899	457	498	-41	231	29	342
-765	43	-732	-338	-338	198	-654
73	39	43	90	35	-76	44

3, 2 digits 6 numbers

1	2	3	4	5	6	7
89	254	29	93	761	42	314
67	87	489	287	-79	476	-172
948	347	629	319	23	-331	81
103	78	71	-76	834	84	46
-834	-298	-54	21	-698	-76	-28
34	89	-894	-111	35	229	498

8	9	10	11	12	13	14
56	379	127	357	94	969	794
765	98	986	739	876	876	94
-67	543	-843	-864	58	-76	-35
-546	-498	87	72	-765	-98	643
910	65	76	-61	239	-376	-552
76	-45	54	53	64	67	67

15	16	17	18	19	20	21
48	731	53	53	14	98	988
358	48	987	647	78	534	863
32	-98	790	613	356	472	-367
798	-462	-697	36	-342	-72	13
-420	937	65	-485	987	-698	76
87	-66	87	79	-642	54	-50

3, 2 digits 6 numbers

1	2	3	4	5	6	7
639	95	543	488	597	73	207
-494	69	289	345	28	442	-85
72	857	69	83	564	-305	78
15	-504	58	-76	-685	-46	98
827	483	-495	100	-90	-21	928
70	35	-43	22	65	274	-308

8	9	10	11	12	13	14
86	900	583	260	509	919	839
-18	-164	956	776	59	273	65
950	71	-73	60	884	83	859
-156	382	-352	-436	-418	-42	32
-62	-98	-75	-72	-62	-653	-754
354	86	33	93	67	35	-88

15	16	17	18	19	20	21
228	206	234	272	765	725	106
-20	995	-27	-76	-50	95	881
753	12	701	-95	-176	-342	68
-613	82	-405	241	-51	-71	-238
-19	-513	43	124	-58	73	71
57	32	97	-19	575	674	84

3 digits 6 numbers

1	2	3	4	5	6	7
391	538	869	453	796	994	724
541	858	987	576	986	587	924
496	561	-786	342	-854	839	-196
-695	328	485	768	453	176	935
-297	-667	897	987	543	-549	-836
228	-498	329	-876	-388	254	654

8	9	10	11	12	13	14
469	456	261	488	963	609	697
453	705	513	613	873	196	786
-398	-337	709	172	-856	294	398
-467	523	-398	-376	348	657	-754
282	-287	-465	581	219	-478	957
997	276	875	-387	143	783	372

15	16	17	18	19	20	21
946	718	537	457	785	185	796
897	869	726	798	638	815	702
103	562	-592	925	-571	-387	465
347	-778	858	695	735	953	920
-228	-398	-526	542	-968	-786	564
265	242	211	-854	475	239	-853

3 digits 6 numbers

1	2	3	4	5	6	7
902	848	429	485	556	764	568
-586	635	-208	322	-487	342	416
754	342	745	274	830	704	367
881	-158	757	519	638	-175	-975
420	704	824	-338	-753	892	496
-458	562	439	159	198	438	764

8	9	10	11	12	13	14
986	384	285	948	759	729	986
758	556	626	150	493	540	657
824	693	980	-289	840	897	927
-573	736	673	653	368	-762	-485
229	-923	-799	-332	-564	-449	940
192	879	438	761	473	543	873

15	16	17	18	19	20	21
598	495	402	636	710	385	385
935	986	868	523	388	530	499
-284	976	674	495	-629	-746	-472
498	-270	228	723	465	385	968
763	619	-935	-441	634	929	905
-891	977	-862	-601	762	462	-483

3 digits 6 numbers

1	2	3	4	5	6	7
381	108	284	987	463	808	274
379	375	373	667	845	339	945
-359	448	-432	976	725	876	-278
-264	699	537	-883	-198	459	109
768	-507	-501	-213	-529	-465	945
-136	-250	509	465	919	388	-871

8	9	10	11	12	13	14
364	447	368	217	746	826	895
271	467	709	-189	923	865	273
654	978	-376	659	-879	-753	897
-752	856	564	-387	996	798	195
456	-986	-109	917	-385	-358	-787
-198	678	678	556	545	658	386

15	16	17	18	19	20	21
378	845	854	938	489	571	709
-151	-345	-537	920	784	608	786
633	646	245	716	139	126	714
378	698	654	361	675	-798	-359
-339	-867	879	-574	-368	932	-936
231	459	-683	885	769	875	448

3 digits 6 numbers

1	2	3	4	5	6	7
592	949	897	994	601	847	875
482	576	985	-328	728	483	564
545	497	-268	916	937	-920	189
-498	543	197	830	-156	969	620
763	-357	-628	-987	-546	118	-574
285	436	574	886	203	736	-328

8	9	10	11	12	13	14
108	948	149	581	753	927	287
668	-732	956	834	769	132	107
168	426	-463	-761	-514	639	895
-357	198	725	162	450	-576	-154
549	-297	137	238	-627	453	454
-268	736	-227	-143	-193	267	667

15	16	17	18	19	20	21
819	623	470	987	593	508	438
292	386	-394	545	546	874	568
-389	487	784	572	354	-498	198
632	-298	-496	816	-862	931	607
-787	776	710	453	419	-654	-456
464	-368	328	-698	267	457	219

3 digits 6 numbers

1	2	3	4	5	6	7
757	676	567	283	669	485	535
-489	482	274	631	176	796	526
608	135	631	-389	589	636	196
986	332	109	453	273	916	968
436	989	-548	107	-154	-786	-659
-675	-491	765	-776	876	-223	-371

8	9	10	11	12	13	14
472	985	904	913	358	453	466
875	392	798	784	768	134	789
640	-746	729	-451	459	-418	349
-773	435	-659	893	412	986	860
831	439	595	-208	-534	457	-569
-564	-281	346	667	778	-229	659

15	16	17	18	19	20	21
642	895	728	248	309	459	832
328	534	656	971	785	334	787
539	-281	695	-398	352	413	146
-987	784	-432	-547	993	805	-546
867	567	783	176	-296	-954	498
479	-641	-226	961	-636	-749	-398

3 digits 6 numbers

1	2	3	4	5	6	7
789	627	446	319	769	861	928
-331	945	243	659	730	975	-457
958	246	176	478	829	-831	645
518	675	611	826	847	701	426
-786	-876	-548	-429	-991	-598	-787
545	-818	695	-587	-567	996	227

8	9	10	11	12	13	14
956	897	957	385	859	598	245
736	-353	-456	946	575	-348	349
-579	462	778	893	-654	268	-236
271	687	-423	567	697	783	104
448	-743	384	-239	-798	-498	656
989	298	698	-887	214	657	948

15	16	17	18	19	20	21
525	680	567	968	679	876	675
471	-549	799	145	876	654	287
668	919	675	519	-689	-337	728
899	457	498	-446	231	297	342
-765	343	-732	-338	-338	198	-654
737	876	-432	897	354	-765	445

3 digits 6 numbers

1	2	3	4	5	6	7
897	254	292	994	761	424	314
667	875	489	287	-297	476	-172
948	347	629	319	324	-331	881
103	789	771	-776	834	856	446
-834	-298	-549	225	-698	-769	-228
348	895	-894	-111	545	229	498

8	9	10	11	12	13	14
556	379	127	357	394	969	794
765	987	986	739	876	876	947
-678	543	-843	-864	585	-376	-535
-546	-498	874	736	-765	894	643
910	654	768	-662	239	-376	-552
797	-549	543	553	643	673	668

15	16	17	18	19	20	21
348	731	953	558	423	989	988
358	384	987	647	876	534	863
324	-984	790	613	356	472	-367
798	568	-697	367	-342	-734	313
-420	937	654	-485	987	-698	767
897	-664	-877	-796	-642	547	-598

3 digits 6 numbers

1	2	3	4	5	6	7
639	657	543	488	597	774	207
-494	698	289	345	287	442	876
772	857	697	684	564	-305	788
156	-504	586	-765	685	465	-398
827	483	-495	100	-902	-221	928
709	357	-438	226	675	274	-308

8	9	10	11	12	13	14
867	900	583	260	509	919	839
-281	-164	956	776	359	273	658
950	771	-754	609	884	284	859
-156	382	-352	-436	-418	-432	329
328	-498	574	732	-664	-653	-754
354	866	337	959	767	352	-801

15	16	17	18	19	20	21
228	206	234	272	765	725	106
-210	995	298	-176	-543	395	881
753	121	701	956	-176	-342	685
-613	884	-405	241	463	716	-238
991	-513	475	124	876	375	747
576	-365	978	-852	575	674	848

3 digits 6 numbers

1	2	3	4	5	6	7
876	357	976	627	893	184	811
580	776	334	874	729	377	-286
-436	-642	175	228	365	796	557
667	364	-432	-146	741	-864	-175
323	566	-142	515	512	294	680
886	-387	685	600	-798	686	987

8	9	10	11	12	13	14
911	422	485	953	984	293	984
-343	754	-212	245	437	776	281
874	376	697	923	-324	886	241
313	396	465	-745	999	-653	-385
817	-651	504	782	-615	986	535
-641	856	885	-331	606	-445	-297

15	16	17	18	19	20	21
983	159	361	755	149	312	474
252	541	567	-128	965	758	745
786	321	975	114	-217	593	536
-295	-361	953	-563	378	615	-665
-957	783	-101	878	-446	-647	482
562	849	336	342	756	571	277

3 digits 6 numbers

1	2	3	4	5	6	7
997	927	414	906	199	440	878
-112	484	365	-497	657	365	-796
654	159	576	446	-438	438	187
286	-982	-825	398	362	-858	653
888	173	676	-278	514	380	217
482	573	276	272	539	363	603

8	9	10	11	12	13	14
972	265	667	295	180	549	548
-619	978	784	886	383	558	827
847	362	469	366	326	793	196
756	-385	674	-126	976	-872	-288
853	476	754	939	651	211	996
-397	-763	-596	-465	-489	-421	607

15	16	17	18	19	20	21
943	601	310	471	421	253	357
662	333	-214	325	747	267	-249
-364	172	774	131	536	311	726
758	969	514	-345	-586	-648	454
-289	-648	-296	864	739	859	338
609	277	838	846	866	352	486

Answer Key
3 digits 3 numbers p.2

1	2	3	4	5	6	7
1,491	861	1,690	712	1,068	1,048	1,068
8	9	10	11	12	13	14
339	1,473	2,176	578	1,063	1,802	804
15	16	17	18	19	20	21
1,364	1,632	1,205	1,950	1,672	279	2,013
22	23	24	25	26	27	28
2,174	576	1,379	294	1,068	2,105	2,120
29	30	31	32	33	34	35
1,057	808	1,954	665	1,902	2,463	1,182
36	37	38	39	40	41	42
811	600	821	1,452	1,326	1,616	761

3 digits 3 numbers p.3

1	2	3	4	5	6	7
1,873	1,979	827	904	1,252	863	1,057
8	9	10	11	12	13	14
292	821	1,635	1,139	1,005	868	1,382
15	16	17	18	19	20	21
1,145	1,442	548	2,029	1,210	956	1,675
22	23	24	25	26	27	28
458	1,786	1,091	1,449	1,484	1,386	1,730
29	30	31	32	33	34	35
1,761	1,804	2,352	1,005	1,348	1,357	1,238
36	37	38	39	40	41	42
1,272	1,854	897	1,377	1,447	622	1,178

3 digits 3 numbers p.4

1	2	3	4	5	6	7
1,439	1,903	1,392	1,594	1,755	1,137	1,201
8	9	10	11	12	13	14
492	1,841	844	1,112	2,149	2,486	1,099
15	16	17	18	19	20	21
1,194	1,438	137	927	1,873	1,285	1,077
22	23	24	25	26	27	28
1,362	1,356	936	768	1,148	1,549	741
29	30	31	32	33	34	35
1,103	977	1,594	1,212	1,980	1,079	1,013
36	37	38	39	40	41	42
2,038	2,308	1,178	1,337	2,141	2,301	1,164

3 digits 3 numbers p.5

1	2	3	4	5	6	7
1,008	1,523	990	1,805	1,795	1,248	1,177
8	9	10	11	12	13	14
1,524	2,132	1,799	1,066	1,291	941	1,681
15	16	17	18	19	20	21
1,084	943	1,551	2,299	1,189	1,284	1,901
22	23	24	25	26	27	28
1,242	1,073	1,646	1,291	2,056	1,692	745
29	30	31	32	33	34	35
1,531	695	489	1,506	1,616	176	711
36	37	38	39	40	41	42
889	1,274	1,380	1,240	1,598	741	1,950

3 digits 3 numbers p.6

1	2	3	4	5	6	7
809	1,144	1,760	1,356	1,227	2,094	480
8	9	10	11	12	13	14
876	1,060	903	1,361	2,334	1,147	1,741
15	16	17	18	19	20	21
825	709	1,104	667	921	1,864	1,085
22	23	24	25	26	27	28
1,138	980	397	511	964	220	904
29	30	31	32	33	34	35
1,053	518	1,088	1,263	1,695	464	387
36	37	38	39	40	41	42
1,769	1,056	1,068	1,094	396	649	854

3 digits 3 numbers p.7

1	2	3	4	5	6	7
552	1,265	1,182	437	1,156	422	508
8	9	10	11	12	13	14
365	555	744	991	1,224	943	820
15	16	17	18	19	20	21
790	1,048	526	1,142	445	1,345	1,189
22	23	24	25	26	27	28
1,580	509	1,323	692	1,580	2,091	604
29	30	31	32	33	34	35
1,108	185	465	1,068	1,726	314	624
36	37	38	39	40	41	42
689	1,086	1,096	754	845	1,850	1,064

3 digits 3 numbers p.8

1	2	3	4	5	6	7
1,072	218	912	1,140	698	875	918
8	9	10	11	12	13	14
887	1,243	1,024	529	940	1,031	543
15	16	17	18	19	20	21
1,226	1,433	582	1,404	275	1,230	382
22	23	24	25	26	27	28
766	1,508	632	493	351	1,299	363
29	30	31	32	33	34	35
646	838	679	393	1,161	983	628
36	37	38	39	40	41	42
449	1,760	359	1,084	718	1,557	637

3 digits 3 numbers p.9

1	2	3	4	5	6	7
462	455	981	1,053	604	745	1,362
8	9	10	11	12	13	14
688	722	910	1,167	508	628	603
15	16	17	18	19	20	21
1,296	846	974	276	1,278	188	800
22	23	24	25	26	27	28
511	184	804	928	1,638	613	829
29	30	31	32	33	34	35
1,620	948	1,167	1,309	1,484	779	1,848
36	37	38	39	40	41	42
717	556	1,100	847	1,389	477	819

3 digits 3 numbers p.10

1	2	3	4	5	6	7
350	337	827	1,005	1,107	807	482
8	9	10	11	12	13	14
889	989	961	179	665	1,210	894
15	16	17	18	19	20	21
1,821	1,388	1,044	1,221	735	1,185	250
22	23	24	25	26	27	28
1,646	779	925	791	1,975	1,731	549
29	30	31	32	33	34	35
226	398	229	1,502	582	565	622
36	37	38	39	40	41	42
1,006	244	617	826	1,499	1,548	792

3 digits 3 numbers p.11

1	2	3	4	5	6	7
1,820	1,004	1,896	1,959	649	815	1,864
8	9	10	11	12	13	14
891	782	855	544	1,158	876	496
15	16	17	18	19	20	21
475	99	758	992	864	748	341
22	23	24	25	26	27	28
517	1,166	851	368	666	463	2,442
29	30	31	32	33	34	35
577	989	277	600	918	922	772
36	37	38	39	40	41	42
857	807	2,018	1,274	0	799	1,018

3, 2 digits 6 numbers p.12

1	2	3	4	5	6	7
848	546	775	1,420	923	1,318	670
8	9	10	11	12	13	14
1,592	766	221	1,267	2,225	1,729	1,262
15	16	17	18	19	20	21
1,367	953	1,819	1,067	1,139	550	1,840

3, 2 digits 6 numbers p.13

1	2	3	4	5	6	7
975	1,719	202	668	1,300	1,185	182
8	9	10	11	12	13	14
1,677	1,804	717	802	1,456	2,243	1,507
15	16	17	18	19	20	21
427	400	576	1,553	1,343	335	442

3, 2 digits 6 numbers p.14

1	2	3	4	5	6	7
608	733	744	549	498	1,088	848
8	9	10	11	12	13	14
1,352	119	676	1,637	650	454	350
15	16	17	18	19	20	21
444	1,015	576	720	860	411	1,278

3, 2 digits 6 numbers p.15

1	2	3	4	5	6	7
1,347	863	910	1,549	818	2,004	1,387
8	9	10	11	12	13	14
1,195	967	456	496	1,344	747	294
15	16	17	18	19	20	21
284	739	453	1,226	274	1,177	572

3, 2 digits 6 numbers p.16

1	2	3	4	5	6	7
266	562	450	545	682	688	931
8	9	10	11	12	13	14
942	593	614	1,183	587	425	568
15	16	17	18	19	20	21
862	714	763	995	1,301	615	465

3, 2 digits 6 numbers p.17

1	2	3	4	5	6	7
532	887	516	715	325	628	1,265
8	9	10	11	12	13	14
744	278	22	2,022	1,156	174	61
15	16	17	18	19	20	21
1,517	76	559	912	465	595	884

3, 2 digits 6 numbers p.18

1	2	3	4	5	6	7
721	1,075	760	1,053	152	1,044	543
8	9	10	11	12	13	14
538	654	1,301	1,071	1,082	682	519
15	16	17	18	19	20	21
624	416	458	1,185	1,253	780	207

3, 2 digits 6 numbers p.19

1	2	3	4	5	6	7
519	796	616	591	321	2,209	1,761
8	9	10	11	12	13	14
1,168	576	708	335	561	508	517
15	16	17	18	19	20	21
560	685	404	759	474	778	351

3, 2 digits 6 numbers p.20

1	2	3	4	5	6	7
742	998	1,091	263	534	549	553
8	9	10	11	12	13	14
431	613	666	862	474	475	2,415
15	16	17	18	19	20	21
263	473	319	546	408	608	465

3, 2 digits 6 numbers p.21

1	2	3	4	5	6	7
551	629	788	552	1,153	1,036	786
8	9	10	11	12	13	14
548	1,243	360	658	277	331	309
15	16	17	18	19	20	21
297	383	520	1,414	504	600	153

3, 2 digits 6 numbers p.22

1	2	3	4	5	6	7
564	436	583	842	680	646	961
8	9	10	11	12	13	14
512	1,502	1,272	312	392	630	611
15	16	17	18	19	20	21
479	650	608	1,036	605	245	959

3, 2 digits 6 numbers p.23

1	2	3	4	5	6	7
849	1,056	1,166	550	822	1,079	504
8	9	10	11	12	13	14
745	686	638	679	909	887	1,502
15	16	17	18	19	20	21
1,078	1,569	338	511	875	345	1,526

3, 2 digits 6 numbers p.24

1	2	3	4	5	6	7
500	329	1,274	1,497	931	845	1,308
8	9	10	11	12	13	14
983	2,044	771	983	1,350	1,342	1,516
15	16	17	18	19	20	21
597	1,221	497	951	481	1,957	570

3, 2 digits 6 numbers p.25

1	2	3	4	5	6	7
491	832	472	740	759	445	346
8	9	10	11	12	13	14
456	1,352	1,038	630	582	456	440
15	16	17	18	19	20	21
641	678	847	560	1,067	868	469

3, 2 digits 6 numbers p.26

1	2	3	4	5	6	7
989	323	1,534	801	501	872	836
8	9	10	11	12	13	14
1,864	548	1,033	487	434	290	827
15	16	17	18	19	20	21
359	923	1,113	1,328	506	267	1,402

3, 2 digits 6 numbers p.27

1	2	3	4	5	6	7
809	769	436	1,076	1,061	887	352
8	9	10	11	12	13	14
863	469	1,010	561	771	629	1,165
15	16	17	18	19	20	21
769	689	619	471	608	555	555

3, 2 digits 6 numbers p.28

1	2	3	4	5	6	7
407	557	270	533	876	424	739
8	9	10	11	12	13	14
1,194	542	487	296	566	1,362	1,011
15	16	17	18	19	20	21
903	1,090	1,285	943	451	388	1,523

3, 2 digits 6 numbers p.29

1	2	3	4	5	6	7
1,129	1,035	421	962	479	417	918
8	9	10	11	12	13	14
1,154	1,177	1,072	681	1,039	615	953
15	16	17	18	19	20	21
386	814	643	447	1,005	1,154	972

3 digits 6 numbers p.30

1	2	3	4	5	6	7
664	1,120	2,781	2,250	1,536	2,301	2,205
8	9	10	11	12	13	14
1,336	1,336	1,495	1,091	1,690	2,061	2,456
15	16	17	18	19	20	21
2,330	1,215	1,214	2,563	1,094	1,019	2,594

3 digits 6 numbers p.31

1	2	3	4	5	6	7
1,913	2,933	2,986	1,421	982	2,965	1,636
8	9	10	11	12	13	14
2,416	2,325	2,203	1,891	2,369	1,498	3,898
15	16	17	18	19	20	21
1,619	3,783	375	1,335	2,330	1,945	1,802

3 digits 6 numbers p.32

1	2	3	4	5	6	7
769	873	770	1,999	2,225	2,405	1,124
8	9	10	11	12	13	14
795	2,440	1,834	1,773	1,946	2,036	1,859
15	16	17	18	19	20	21
1,130	1,436	1,412	3,246	2,488	2,314	1,362

3 digits 6 numbers p.33

1	2	3	4	5	6	7
2,169	2,644	1,757	2,311	1,767	2,233	1,346
8	9	10	11	12	13	14
868	1,279	1,277	911	638	1,842	2,256
15	16	17	18	19	20	21
1,031	1,606	1,402	2,675	1,317	1,618	1,574

3 digits 6 numbers p.34

1	2	3	4	5	6	7
1,623	2,123	1,798	309	2,429	1,824	1,195
8	9	10	11	12	13	14
1,481	1,224	2,713	2,598	2,241	1,383	2,554
15	16	17	18	19	20	21
1,868	1,858	2,204	1,411	1,507	308	1,319

3 digits 6 numbers p.35

1	2	3	4	5	6	7
1,693	799	1,623	1,266	1,617	2,104	982
8	9	10	11	12	13	14
2,821	1,248	1,938	1,665	893	1,460	2,066
15	16	17	18	19	20	21
2,535	2,726	1,375	1,745	1,113	923	1,823

3 digits 6 numbers p.36

1	2	3	4	5	6	7
2,129	2,862	738	938	1,469	885	1,739
8	9	10	11	12	13	14
1,804	1,516	2,455	859	1,972	2,660	1,965
15	16	17	18	19	20	21
2,305	972	1,810	904	1,658	1,110	1,966

3 digits 6 numbers p.37

1	2	3	4	5	6	7
2,609	2,548	1,182	1,078	1,906	1,429	2,093
8	9	10	11	12	13	14
2,062	2,257	1,344	2,900	1,437	743	1,130
15	16	17	18	19	20	21
1,725	1,328	2,281	565	1,960	2,543	3,029

How to Abacus Exercise

3 digits 6 numbers p.38

1	2	3	4	5	6	7
2,896	1,034	1,596	2,698	2,442	1,473	2,574
8	9	10	11	12	13	14
1,931	2,153	2,824	1,827	2,087	1,843	1,359
15	16	17	18	19	20	21
1,331	2,292	3,091	1,398	1,585	2,202	1,849

3 digits 6 numbers p.39

1	2	3	4	5	6	7
3,195	1,334	1,482	1,247	1,833	1,128	1,742
8	9	10	11	12	13	14
2,412	933	2,752	1,895	2,027	818	2,886
15	16	17	18	19	20	21
2,319	1,704	1,926	2,292	2,723	1,394	2,112

www.ingramcontent.com/pod-product-compliance
Lightning Source LLC
Chambersburg PA
CBHW081330040426
42453CB00013B/2369